Bayron Ruiz

COMPOSICIÓN, RIQUEZA Y PRODUCTIVIDAD FORESTAL DE UN BOSQUE TROPICAL

Bayron Ruiz

COMPOSICIÓN, RIQUEZA Y PRODUCTIVIDAD FORESTAL DE UN BOSQUE TROPICAL

Índice del Valor de Importancia y Volumen maderable en pie

Editorial Académica Española

Imprint
Any brand names and product names mentioned in this book are subject to trademark, brand or patent protection and are trademarks or registered trademarks of their respective holders. The use of brand names, product names, common names, trade names, product descriptions etc. even without a particular marking in this work is in no way to be construed to mean that such names may be regarded as unrestricted in respect of trademark and brand protection legislation and could thus be used by anyone.

Cover image: www.ingimage.com

Publisher:
Editorial Académica Española
is a trademark of
Dodo Books Indian Ocean Ltd. and OmniScriptum S.R.L publishing group

120 High Road, East Finchley, London, N2 9ED, United Kingdom
Str. Armeneasca 28/1, office 1, Chisinau MD-2012, Republic of Moldova, Europe
Printed at: see last page
ISBN: 978-613-9-46779-2

RESUMEN

Mediante un estudio previo del municipio del cantón del san pablo, se determinó, por medio del método de Gentry (1982) la cantidad de masa boscosa que integra una parte de este municipio, ya que esta, en una técnica que nos determina con mayor precisión la cantidad de especies maderables y no maderables que integran este tipo de bosque.

Se conocerá al respecto, la estructura vertical y horizontal del bosque analizado, además se diseñarán las respectivas conclusiones frente cada índice, se manifestará, las especies que por algún motivo predomine en mayor instancia en el área examinada.

1. INTRODUCCIÓN

Los ecosistemas boscosos de la región tropical, corresponden a los complejos biológicos más diversos de la biosfera, cuyos servicios sufren las necesidades de la sociedad y de los grupos humanos que allí habitan en cuanto a fruto madera, leña, fibra, medicina, fauna silvestre que surte de proteína animal, regulación del clima y del agua, lo cual lo convierte en un sistema invaluable para el hombre, como base de la sostenibilidad de la vida.

De acuerdo con lo anterior, cualquier estrategia que se genere para su manejo sostenible debe partir del conocimiento tanto de su forma como de su funcionamiento, que garantice la conformación de la biodiversidad y la utilización racional de sus servicios, por lo cual es indispensable que los funcionarios encargados de su administración conozcan y manejen los elementos funcionales para la evaluación técnica y científica de estas masas boscosas, que permitan la toma de decisiones para su manejo, conservación y recuperación.

El presente documento, se constituye en una valiosa herramienta que los docentes de la universidad, han querido aportar para ampliar el conocimiento de los ecosistemas boscosos del país, lo cual se presenta como resultado de las investigaciones realizadas de las últimas décadas, en los diferentes ecosistemas boscosos del departamento y de todo el país.

2. OBJETIVOS

GENERAL

- Analizar y determinar la composición florística existente en un área determinada del municipio del Cantón del San Pablo-Chocó.

ESPECÍFICOS

- Identificar las especies maderables y no maderables existentes en el municipio del Cantón del San Pablo

- Construir y analizar el diagrama del perfil de bosque, con base en la información obtenida en el área de trabajo, teniendo en cuenta el sitio con mayor abundancia de especies.

- Evaluar y analizar la estructura vertical y horizontal del bosque inventariado.

3. METODOLOGÍA

3.1.1 ÁREA DE ESTUDIO

El municipio del Cantón de San Pablo, se encuentra ubicado, en la parte central del sur del departamento del Choco, a unos (70 km) vía carreteable de Quibdó capital del departamento más concretamente en el istmo de San Pablo. Su geografía es atravesada por la carretera Panamericana que conduce al Puerto de Tribuga en el Océano Pacifico colombiano.

3.1.2 POSICIÓN GEOGRÁFICA

Situado a la margen derecha del río San Pablo a los 05° 20' 20" de longitud norte y a los 76° 43' 53" de longitud oeste.

3.1.3 EXTENSIÓN Y LÍMITES

Posee una extensión de 386 Km^2 el cual representa el 0.8% de la superficie departamental. Limitado por el norte con el municipio de Río Quito y Certegui, Por el sur con el municipio de Istmina, por el oriente con el municipio de la Unión Panamericana y por el occidente con los municipios de Alto Baudó y Medio Baudó.

3.1.4 UBICACIÓN POBLACIÓN

Posee una población de 10.890 habitantes aprox. distribuidos en sus 7 corregimientos: Managrú, Puerto pervel, Tarido, La Victoria, Pavaza, Boca de raspadura y Guapango sus veredas son: Boca de Jorodó, San José de quité, la Isla, Zutana, Truadó y Puerto Juan.

3.1.5 ECONOMÍA

La fertilidad de los suelos le permite proyectarse como la segunda despensa agrícola del departamento, después del Baudó. La cría de especies mayores y menores es una fuente prominente de ingresos para las comunidades, lo mismo que la comercialización de la madera, la minería se realiza en escala muy reducida. Los productos de mayor cosecha son: Plátano, arroz, yuca y en frutales aguacate, borojó, limón y chontaduro.

3.1.6 CARACTERÍSTICAS NATURALES

Por sus características plana y selvática presenta gran atractivo para la actividad eco turística destacándose zonas como Taridó, La Victoria, Chagarapá y Puerto Pervel entre otros.

3.1.7 VÍAS DE ACCESO

a principal vía de acceso al municipio la conforman, la carretera Panamericana construida por dos canales que se dirigen hacia Managrú, cabecera municipal y hacia Puerto Pervel. Tiene 12 Km, aproximadamente hacia ambos destinos, de carretera destapada, rellena con piedras, en la cual se alcanzan velocidades de 40 -60 Km/h. Otra vía importante es la Fluvial que constituye los ríos: Tiradó, San Pablo, Managrú, adentro de estas formas se sacan los productos de las zonas más productivas.

3.1.8 TOPOGRAFÍA

El territorio es fuertemente ondulado presentándose disecaciones en algunas regiones, su altura no sobrepasa los 57 m.s.n.m.

3.1.9 CLIMATOLOGÍA

Tiene una temperatura media anual de 28°c., regulada por los vientos interoceánicos y de las corrientes fluviales de los ríos que bañan al municipio. Sus tierras se distribuyen en el piso térmico cálido con humedad promedio de 80% - 90%, cargadas de aire húmedo, que provienen de las zonas aledañas Boscosas, lo cual incide en una nubosidad que varía de 4 – 6 horas/luz, y una precipitación promedio anual de 6.000 mm/año, propiciando una alta diversidad correspondiente a la zona de vida del bosque pluvial tropical (bp –T), según, clasificación de Holdridgee.

3.1.10 VEGETACIÓN Se presentan variaciones en la composición, densidad y distribución de la zona, siendo representativa especies como: Chana, Pala Perico, Nuanamo, Caucho y Algarrobo. Entre las especies de importancia económica.

3.1.11 HIDROGRAFÍA

Posee una gran riqueza hidrográfica, la cual permite a sus habitantes trasladarse con facilidad. Entre los ríos más importantes tenemos: San Pablo, Arteria principal, Taridó, Managrúcito, Raspadura, Tuado, Managrú adentro y Chagarapá.

3.1.12 Suelos

El municipio presenta suelos mal drenados y con baja saturación de bases intercambiables (Gleysole districos – GLD), y suelos originados a partir de materiales aluviales recientes, con alta saturación de bases intercambiables (Fluvisoles Eútricos – FLE), asociados con suelos mal drenados y alta saturación de bases intercambiables (Fluvisoles Eútricos – FLE), y suelos con horizonte argico, baja saturación de bases intercambiables y altos contenido de óxido de hierro (Acrisoles Férricos – ACF), texturas medias, pendientes suaves ubicados en planicies y valles.

3.2 ANALISIS DE LA COMPOSICIÓN FLORÍSTICA EXISTENTE EN EL MUNICICPIO DEL CANTÓN DEL SAN PABLO-CHOCÓ

Mediante la intervención en el campo, en el municipio del cantó del san pablo, se realizó la cuantificación previa de las especies existentes en esa área, además se agruparon de acuerdo al número de la parcela predominante.

4. DISEÑO DE MUESTREO

4.1.1 Diseño

Se utilizó eficazmente la metodología de Gentry (1982), el cual postula que se deben de diseñar parcela de 2 x 50m (total: 10) el cual se medirán todas las especies que tengan un DAP> a 1 cm, además, el sugiere que, Para la determinación de la estructura horizontal de un bosque, se seleccione el sitio más representativo del área. Para la medición de las parcelas y respectivas cuantificaciones, se tuvieron en cuenta los siguientes criterios:

- DAP.
- Altura total de cada árbol.
- Altura comercial
- Observaciones (defectos de los árboles)
- Tabla de apoyo.
- Formulario de campo.
- Cinta diamétrica o Forcípula
- Cinta métrica de 20 m o 50 m.
- Estacas.
- Machete.
- Lápices.
- Papel.

Posteriormente, se realizó el esquema del perfil vertical del bosque representando los árboles en la parcela, considerando la arquitectura de las copas, la forma de los troncos,

Los diagramas de perfil horizontal y vertical del bosque fueron dibujados a lápiz, en el papel amaño carta durante el recorrido del área.

Área Basal

Para calcular el área basal de la parcela, se suma el área basal de los fustes de los árboles muestreados; se calcula para cada árbol de la siguiente manera:

$$AB = n\ DAP^2/4$$

Donde:

DAP = Diámetro del fuste medido a lo altura del pecho.

AB = Área basal (m2).

n = 3,1416

ÍNDICE DE VALOR DE IMPORTANCIA, COEFICIENTE DE MEZCLA Y VALOR AGRAGADO DE LAS ESPECIES ARBÓREAS DE UN BOSQUE.

El índice de valor de importancia (I.V.I), es un valor que expresa numéricamente la importancia de una determinada especie dentro de una comunidad forestal. El I.V.I de una especie se calcula a través de abundancia, frecuencia y dominancia expresados en porcentajes, el Índice de Valor de Importancia por Familia.

GRADO DE AGREGACIÓN DE LAS ESPECIES:

Determina la distribución espacial de las especies. La interpretación del grado de agrega la suma de sus valores relativos de la cien se realiza teniendo en cuenta los siguientes parámetros:

- **Ga > a 1**. indica tendencia al agrupamiento.
- **Ga > a 2**, indica que la especie tiene una distribución agrupada
- **Ga < a 1**, indica que la especie so encuentra dispersa

ANALISIS DE LOS RESULTADOS

Coeficiente de mezcla

C= número de especies/ número de individuos

C= 35/218=1/6

Esto quiere decir que por cada una especie hay 6 individuos

Densidad

D= número total de individuos/ área total de la zona de muestreo

D=218/1000m²= 0.218

Composición florística del muestreo realizado en el bosque húmedo tropical de Managrú:

En esta se pudo notar que había una gran variedad de especies y familias, siendo las más representativas las siguientes: arecaceae 63, apocináceas 17, melastomatáceas 17, burserácea 15, morácea 12 y sapotáceas 11 individuos **(Ver tabla 2).**

Calculo de la abundancia relativa y absoluta.

El mayor número de árboles por especies registradas en cada unida de muestreo corresponde a la palma meme con 33 individuos y un porcentaje de 15.138%; seguido del lirio con 17 individuos con un porcentaje de 7.798%, el hormigo con 17 individuos por especie y un porcentaje de 7.798%. Anime con 15 individuos y un porcentaje de 6.8881% y el algarrobo con 12 individuos y un porcentaje de 5.505% **(Ver tabla 3)**

Calculo de la frecuencia absoluta y relativa

Las especies que más incurrieron en cada una de las unidades de muestreo fueron: las de la clase I con 155 individuos y la clase II con 43 individuos siendo las especies siguientes más predominantes en cada clase: palma meme 8.264%, lirio 7.438%, hormigo 5.785%, anime 5.785% y algarrobo 4.955%. Esto conlleva a deducir que el bosque es muy heterogéneo **(Ver tabla 4).**

Calculo de dominancia absoluta y relativa.

Las especies con mayor grado de cobertura como expresión del espacio ocupado por ellas; y con una sumatoria de las áreas básales de la misma especie presente dentro de cada una de las unidades de muestreo fueron: aserrín 22.128%, lirio 11.589%, choiba 11.327%, anime 9.064% y algarrobo 6.089% **(Ver tabla 5).**

Calculo del grado de agregación

Determina la distribución espacial de las especies, la cual indica la tendencia al agrupamiento, distribución agrupada y dispensación. Las especies que más tendencia tienen a agruparse son:

2,18543453	caimito colorado	2,06377023	palma mil peso
2,18543453	carbonero	1,93670887	Guasca hoji ancho
2,18543453	carra	1,93670887	Guasco colorado
2,18543453	casaco	1,93670887	palma amargo
2,18543453	coroba	1,80303022	Churimo
2,18543453	guasimo colorado	1,80303022	Jaboncillo
2,18543453	Jagua	1,80303022	palma taparo
2,18543453	lano blanco	1,80303022	pantano
2,18543453	palma chacarra	1,66096405	cauchillo
2,18543453	palo blanco	1,66096405	lechero
2,06377023	algodoncillo cargadero	1,66096405	palma pangana
2,06377023	colorado	1,66096405	palma zancona
2,06377023	Choiba	1,50776496	Algarrobo
2,06377023	jigua negro	1,50776496	Caimito blanco
2,06377023	palma barrigona	1,3387425	Anime
2,06377023	palma don pedrito	1,3387425	Aserrin

(Ver tabla 7).

Calculo de análisis estructural del muestreo

Mediante la estructura del bosque se pudo conocer la organización espacial de especies y el número de individuos presente en el área de estudio, utilizándose indicadores cuantitativos como el número de árboles por especie, densidad, abundancia, frecuencia, dominancia y el índice de valor de importancia, este último tuvo un valor máximo de 300 entre las más representativas tenemos: aserrín 32.500, palma meme 28.925, lirio 26.825, anime 21.730 y algarrobo 16.553 **(Ver cuadro No. 6).**

Existencia de las especies por clase diamétrica

En el rango donde hubo mayor número de individuos (155) fue en los de la clase I. En la clase II (43). En clase III (12), en la clase IV (5), en la clase V (2) y en la VI (1) **(ver tabla 8)**

Distribuciones diamétrica

Mediante el análisis de este bosque, se pudo deducir que este ha sido una floresta muy intervenida, el cual la mayoría de las especies se encuentran en estado de regeneración natura, en la clase I (155 individuos), además el volumen total de especies que se encuentran en el bosque es de 24,0816514 m³ siendo este muy bajo para un aprovechamiento total de este bosque. **(Ver tabla 13)**

Análisis sobre el diagrama de ogawa

Según la distribución de los puntos en el gráfico, quiere decir que la especies se encuentran conglomeradas, formando un enjambre de abejas muy homogéneo (ver **Análisis grafico del diagrama de ogawa)**

5. CONCLUSION

Mediante la ejecución de esta práctica se pudo deducir que:

- Es importante conocer la diversidad de nuestros bosques, ya que esto suele ser una alternativa muy factible para obtener ingreso en su previo aprovechamiento

- El bosque analizado dentro de algunos años, será una fuente muy importante de ingreso en su explotación ya que las especies en general se encuentran en estado de regeneración natural

Recomendaciones

Se debe de hacer el aprovechamiento de algunas especies lo más rápido posible, ya que se están pudriendo por su avanzado estado de desarrollo, además se debe hacer una liberación del bosque para que las especies más predominantes se desarrollen bien.

6. BIBLIOGRAFÍA

- MANEJO FORESTAL BASADO EN LA REGENERACIÓN NATURAL DEL BOSQUE, estudio de caso en los robledales de altura de la cordillera de salamanca, Costa rica.

- FUNDAMENTOS Y METODOLOGÍA PARA LA IDENTIFICACIÓN DE PLANTAS por Gilberto Emilio Maecha vega, proyecto BIOPACIFICO, ministerio del medio ambiente PNUD - GEF febrero 1997 Santa Fe de Bogotá D.C- COLOMBIA

ANEXOS

Tabla: 2. Composición florística del muestreo realizado en el bosque húmedo tropical

N°	Familia	Nombre Científico	Nombre Común	No. árboles
1	ANONACEAE	*Anaxagorea clavata*	coroba	1
2	ANONACEAE	*Guatteria cuatrecasasii*	cargadero colorado	2
3	APOCYNACEAE	*Couma macrocarpa*	lirio	17
4	ARALIACEAE	*Dendropanax sp*	palo blanco	1
5	ARECACEAE	*Welfia georgii*	palma amargo	5
6	ARECACEAE	*Triartea delfoidea*	palma barrigona	3
7	ARECACEAE	*Oenocarpus mapora*	palma don pedrito	2
8	ARECACEAE	*Wettinia quinaria*	palma meme	33
9	ARECACEAE	*Oenocarpus bataua*	palma mil peso	2
10	ARECACEAE	*Rhaphia taedigera*	palma pangana	7
11	ARECACEAE	*Attalea amiggdalina*	palma taparo	4
12	ARECACEAE	*Socrotea exorrhiza*	palma zancona	6
13	ARECACEAE	*Bactris chascarra*	palma chacarra	1
14	BOMBACACEAE	*Humberodendron patinoi*	carra	1
15	BOMBACACEAE	*Bombax sp*	lano blanco	2
16	BURCERACEAE	*Protium veneralense*	Anime	15
17	CAESALPINACEAE	*Himenaea oblongifolia*	Algarrobo	12
18	CHRYSOBALANACEAE	*Licania durifolia*	carbonero	1
19	EUPHORBIACEA	*Hieronyma chocoensis*	pantano	5
20	EUPHORBIACEAE	*Croton lillipianus*	algodoncillo	2
21	FABACEAE	*Dipteris panamensis*	Choiba	6
22	LAURACEAE	*Ocotea cernua*	jigua negro	3
23	LECYTHIDACEAE	*Eshweilera sclerophylla*	Guasca hoji ancho	9
24	LECYTHIDACEAE	*Eshweilera oligosperma*	Guasco colorado	4
25	MELASTOMATACEAE	*Miconia sp*	Hormlgo	17
26	MIMOSACEAE	*Parkia oppositifolia*	Aserrin	10
27	MIMOSACEAE	*Inga edulis*	Churimo	7
28	MORACEA	*Clarisia biflora*	cauchillo	6
29	MORACEA	*Brosimun utile*	lechero	12

30	OCHNACEAE	*Cespedesia macrophyla*	casaco	1
31	RUBIACEAE	*Genipa americana*	Jagua	1
32	SAPINDACEAE	*Isertia pittieri*	Jaboncillo	5
33	SAPOTACEAE	*Chrysophyllum auratum*	Caimito blanco	11
34	SAPOTACEAE	*Chrysophyllum sp*	caimito colorado	2
35	TILIACEAE	*Luehea seemannii*	guasimo colorado	2
	Total			**218**

Tabla: 3 Cálculo de la Abundancia. Absoluta y relativa del Muestreo realizado en el bosque Húmedo tropical

Nº	Especies	Número de árboles por unidad de muestreo										Total	Aa	Ar(%)
		1	2	3	4	5	6	7	8	9	10			
1	Algarrobo	2	3	1	2	1					3	12	12	5,505
2	algodoncillo								1	1		2	2	0,917
3	Anime	5				4	2	1	1	1	1	15	15	6,881
4	Aserrin	2			1	1		1	1	1	3	10	10	4,587
5	Caimito blanco	2	2	1	3		2	1				11	11	5,046
6	caimito colorado	2										2	2	0,917
7	carbonero								1			1	1	0,459
8	cargadero colorado				1					1		2	2	0,917
9	carra								1			1	1	0,459
10	casaco										1	1	1	0,459
11	cauchillo			2			1	1		1	1	6	6	2,752
12	Choiba	5		1								6	6	2,752
13	Churimo				1	3		1		2		7	7	3,211
14	coroba	1										1	1	0,459
15	Guasca hoji ancho				3	3			3			9	9	4,128
16	Guasco colorado	1			2		1					4	4	1,835
17	guasimo colorado									2		2	2	0,917
18	Hormigo	3	3	4	3		1	2		1		17	17	7,798
19	Jaboncillo				1	1			1		2	5	5	2,294
20	Jagua		1									1	1	0,459
21	jigua negro			1					2			3	3	1,376
22	lano blanco								2			2	2	0,917

#														Total
23	lechero		4	2		2	2	2				12	12	5,505
24	lirio	2	2	3	1	1		2	3	2	1	17	17	7,798
25	palma amargo						1	3			1	5	5	2,294
26	palma barrigona					2				1		3	3	1,376
27	palma chacarra		1									1	1	0,459
28	palma don pedrito						1				1	2	2	0,917
29	palma meme	3	3	3	4	5	2	2	1	4	6	33	33	15,138
30	palma mil peso			1					1			2	2	0,917
31	palma pangana	1	1		1		2	2				7	7	3,211
32	palma taparo		1	1		1	1					4	4	1,835
33	palma zancona			1		2	1		1	1		6	6	2,752
34	palo blanco						1					1	1	0,459
35	pantano	1						1	2	1		5	5	2,294
	Total	**30**	**21**	**21**	**23**	**26**	**18**	**19**	**21**	**19**	**20**	**218**	**218**	**100**

Tabla: 4 Calculo de la Frecuencia. Absoluta y relativa del Muestreo realizado en el bosque Húmedo tropical

Nº	Especies	Nº de unidades de muestreo en que ocurre la especie											Fa	Fr(%)	Clases de frecuencia						
		1	2	3	4	5	6	7	8	9	10	Total			I	II	III	IV	V	VI	Total
1	Algarrobo	x	x	x	x	x					x	6	60	4,959	7	3	2				12
2	algodoncillo								x	x		2	20	1,653	1		1				2
3	Anime	x				x	x	x	x	x	x	7	70	5,785	9	3	3				15
4	Aserrin	x			x	x		x	x	x	x	7	70	5,785	1	4	1	2	2		10
5	Caimito blanco	x	x	x	x		x	x				6	60	4,959	10	1					11
6	caimito colorado	x										1	10	0,826	2						2
7	carbonero								x			1	10	0,826	1						1
8	cargadero colorado				x					x		2	20	1,653	2						2
9	carra								x			1	10	0,826		1					1
10	casaco										x	1	10	0,826	1						1
11	cauchillo			x			x	x		x	x	5	50	4,132	5	1					6
12	Choiba	x		x								2	20	1,653	3	2				1	6
13	Churimo				x	x		x		x		4	40	3,306	5		1	1			7
14	coroba	x										1	10	0,826	1						1
15	Guasca hoji ancho				x	x			x			3	30	2,479	8	1					9
16	Guasco colorado	x			x		x					3	30	2,479	3	1					4
17	guasimo colorado									x		1	10	0,826	1	1					2
18	Hormigo	x	x	x	x		x	x		x		7	70	5,785	16	1					17
19	Jaboncillo				x	x			x		x	4	40	3,306	2	2		1			5
20	Jagua		x									1	10	0,826	1						1
21	jigua negro			x					x			2	20	1,653	3						3

#		13	10	12	12	12	13	12	14	13	10				155	43	12	5	2	1	
22	lano blanco								x			1	10	0,826	2						2
23	lechero		x	x		x	x	x				5	50	4,132	7	4	1				12
24	lirio	x	x	x	x	x		x	x	x	x	9	90	7,438	9	5	2	1			17
25	palma amargo						x	x			x	3	30	2,479	4	1					5
26	palma barrigona					x				x		2	20	1,653	2	1					3
27	palma chacarra		x									1	10	0,826	1						1
28	palma don pedrito						x				x	2	20	1,653	1	1					2
29	palma meme	x	x	x	x	x	x	x	x	x	x	10	100	8,264	28	5					33
30	palma mil peso			x					x			2	20	1,653		1	1				2
31	palma pangana	x	x		x		x	x				5	50	4,132	6	1					7
32	palma taparo		x	x		x	x					4	40	3,306	4						4
33	palma zancona			x		x	x		x	x		5	50	4,132	4	2					6
34	palo blanco						x					1	10	0,826	1						1
35	pantano	x						x	x	x		4	40	3,306	4	1					5
	Total	13	10	12	12	12	13	12	14	13	10	121	1210	100	155	43	12	5	2	1	218

Tabla: 5 Cálculo de la Dominancia. Absoluta y relativa del Muestreo realizado en el bosque Húmedo tropical

Nº	Especies	Área Basal en m2 por unidad de muestreo												
		1	2	3	4	5	6	7	8	9	10	total	Da	Dr(%)
1	Algarrobo	0,0228	0,0134	0,045	0,0086	3E-04					0,054	0,144	0,144	6,089
2	algodoncillo								0,0003	0,031		0,032	0,032	1,341
3	Anime	0,0426				0,128	0,015	0,006	0,0177	0,005	8E-05	0,215	0,215	9,064
4	Aserrin	0,012			0,0227	0,071		0,139	0,0314	0,126	0,123	0,524	0,524	22,128
5	Caimito blanco	0,0032	0,0058	7E-04	0,007		0,022	8E-05				0,039	0,039	1,660
6	caimito colorado	0,001										0,001	0,001	0,043
7	carbonero								0,0013			0,001	0,001	0,053
8	cargadero colorado				8E-05					0,004		0,004	0,004	0,166
9	carra								0,0079			0,008	0,008	0,332
10	casaco										8E-05	0,000	0,000	0,003
11	cauchillo			0,013			8E-05	0,002		3E-04	1E-03	0,017	0,017	0,701
12	Choiba	0,2586		0,01								0,268	0,268	11,327
13	Churimo				0,005	0,003		0,091		0,035		0,134	0,134	5,648
14	coroba	0,0003										0,000	0,000	0,013
15	Guasca hoji ancho				0,0078	0,015			0,007			0,029	0,029	1,241
16	Guasco colorado	0,0003			0,010		7E-04					0,011	0,011	0,458
17	guasimo colorado									0,029		0,029	0,029	1,228

18	Hormigo	0,0108	0,0108	0,007	0,0015		3E-04	0,001		3E-04		0,032	0,032	1,355
19	Jaboncillo				0,0908	0,020			0,000		0,014	0,125	0,125	5,281
20	Jagua		0,0013									0,001	0,001	0,053
21	jigua negro			0					0,003			0,003	0,003	0,126
22	lano blanco								0,0092			0,009	0,009	0,388
23	lechero		0,051	0,026		0,032	0,007	0,005				0,121	0,121	5,117
24	lirio	0,0283	0,0086	0,042	0,108	0,003		0,027	0,0324	0,025	1E-03	0,274	0,274	11,589
25	palma amargo						3E-04	0,003			0,018	0,021	0,021	0,903
26	palma barrigona					0,01				0,003		0,012	0,012	0,524
27	palma chacarra		0,002									0,002	0,002	0,083
28	palma don pedrito						0,006				0,008	0,014	0,014	0,601
29	palma meme	0,0092	0,012	0,009	0,0189	0,04	0,006	0,001	0,013	0,008	0,013	0,131	0,131	5,523
30	palma mil peso			0,066					0,0201			0,086	0,086	3,640
31	palma pangana	0,0007	0,018		0,000		0,005	4E-04				0,024	0,024	1,030
32	palma taparo		0,002	7E-04		0,001	0,000					0,003	0,003	0,146
33	palma zancona			7E-04		0,008	0,011		8E-05	0,003		0,023	0,023	0,967
34	palo blanco						0,006					0,006	0,006	0,269
35	pantano	0,0113						0,006	0,0031	7E-04		0,022	0,022	0,909
	Total	**0,4009**	**0,1244**	**0,2205**	**0,2804**	**0,3301**	**0,0804**	**0,2823**	**0,1468**	**0,2696**	**0,2312**	**2,3668**	**2,3668**	**100**

Tabla: 6 Índice de valor importancia (IVI)

N° Orden	Especie Nombre	N° de Arboles	Densidad (D)	Abundancia Aa	Ar(%)	Frecuencia Fa	Fr(%)	Dominancia Da	Dr(%)	I V I
1	Algarrobo	12	1,2	12	5,505	60	4,959	0,144	6,0893	16,553
2	algodoncillo	2	0,2	2	0,9174	20	1,65289	0,0317	1,3406	3,911
3	Anime	15	1,5	15	6,8807	70	5,78512	0,2145	9,0642	21,730
4	Aserrin	10	1	10	4,5872	70	5,78512	0,5237	22,128	32,500
5	Caimito blanco	11	1,1	11	5,0459	60	4,95868	0,0393	1,6602	11,665
6	caimito colorado	2	0,2	2	0,9174	10	0,82645	0,001	0,0431	1,787
7	carbonero	1	0,1	1	0,4587	10	0,82645	0,0013	0,0531	1,338
8	cargadero colorado	2	0,2	2	0,9174	20	1,65289	0,0039	0,1659	2,736
9	carra	1	0,1	1	0,4587	10	0,82645	0,0079	0,3318	1,617
10	casaco	1	0,1	1	0,4587	10	0,82645	8E-05	0,0033	1,288
11	cauchillo	6	0,6	6	2,7523	50	4,13223	0,0166	0,701	7,586
12	Choiba	6	0,6	6	2,7523	20	1,65289	0,2681	11,327	15,733
13	Churimo	7	0,7	7	3,211	40	3,30579	0,1337	5,6479	12,165
14	coroba	1	0,1	1	0,4587	10	0,82645	0,0003	0,0133	1,298
15	Guasca hoji ancho	9	0,9	9	4,1284	30	2,47934	0,0294	1,2411	7,849
16	Guasco colorado	4	0,4	4	1,8349	30	2,47934	0,0108	0,4579	4,772
17	guasimo colorado	2	0,2	2	0,9174	10	0,82645	0,0291	1,2278	2,972

18	Hormigo	17	1,7	17	7,7982	70	5,78512	0,0321	1,3547	14,938
19	Jaboncillo	5	0,5	5	2,2936	40	3,30579	0,125	5,281	10,880
20	Jagua	1	0,1	1	0,4587	10	0,82645	0,0013	0,0531	1,338
21	jigua negro	3	0,3	3	1,3761	20	1,65289	0,003	0,1261	3,155
22	lano blanco	2	0,2	2	0,9174	10	0,82645	0,0092	0,3883	2,132
23	lechero	12	1,2	12	5,5046	50	4,13223	0,1211	5,117	14,754
24	lirio	17	1,7	17	7,7982	90	7,43802	0,2743	11,589	26,825
25	palma amargo	5	0,5	5	2,2936	30	2,47934	0,0214	0,9026	5,676
26	palma barrigona	3	0,3	3	1,3761	20	1,65289	0,0124	0,5243	3,553
27	palma chacarra	1	0,1	1	0,4587	10	0,82645	0,002	0,083	1,368
28	palma don	2	0,2	2	0,9174	20	1,65289	0,0142	0,6006	3,171
	pedrito									
29	palma meme	33	3,3	33	15,138	100	8,26446	0,1307	5,5227	28,925
30	palma mil peso	2	0,2	2	0,9174	20	1,65289	0,0862	3,6403	6,211
31	palma pangana	7	0,7	7	3,211	50	4,13223	0,0244	1,0304	8,374
32	palma taparo	4	0,4	4	1,8349	40	3,30579	0,0035	0,146	5,287
33	palma zancona	6	0,6	6	2,7523	50	4,13223	0,0229	0,9671	7,852
34	palo blanco	1	0,1	1	0,4587	10	0,82645	0,0064	0,2688	1,554
35	pantano	5	0,5	5	2,2936	40	3,30579	0,0215	0,9092	6,509
	Total	**218**	**21,8**	**218**	**100**	**1210**	**100**	**2,367**	**100**	**300**

Tabla 7. Calculo del Grado de Agregación del muestreo realizado en el bosque Húmedo Tropical

N°	Especies	N° de árboles de muestreo en que ocurre la especie	Numero de Arboles por Especie	Frecuencia Absoluta	Densidad Esperada (De)	Densidad Observada (Ob)	Grado de Agregación G.A.
1	Algarrobo	6	12	60	0,398	0,6	1,508
2	algodoncillo	2	2	20	0,097	0,2	2,064
3	Anime	7	15	70	0,523	0,7	1,339
4	Aserrin	7	10	70	0,523	0,7	1,339
5	Caimito blanco	6	11	60	0,398	0,6	1,508
6	caimito colorado	1	2	10	0,046	0,1	2,185
7	carbonero	1	1	10	0,046	0,1	2,185
8	cargadero colorado	2	2	20	0,097	0,2	2,064
9	carra	1	1	10	0,046	0,1	2,185
10	casaco	1	1	10	0,046	0,1	2,185
11	cauchillo	5	6	50	0,301	0,5	1,661
12	Choiba	2	6	20	0,097	0,2	2,064
13	Churimo	4	7	40	0,222	0,4	1,803
14	coroba	1	1	10	0,046	0,1	2,185
15	Guasca hoji ancho	3	9	30	0,155	0,3	1,937
16	Guasco colorado	3	4	30	0,155	0,3	1,937
17	guasimo colorado	1	2	10	0,046	0,1	2,185

18	Hormigo		7	17	70	0,523	0,7	1,339
19	Jaboncillo		4	5	40	0,222	0,4	1,803
20	Jagua		1	1	10	0,046	0,1	2,185
21	jigua negro		2	3	20	0,097	0,2	2,064
22	lano blanco		1	2	10	0,046	0,1	2,185
23	lechero		5	12	50	0,301	0,5	1,661
24	lirio		9	17	90	1,000	0,9	0,900
25	palma amargo		3	5	30	0,155	0,3	1,937
26	palma barrigona		2	3	20	0,097	0,2	2,064
27	palma chacarra		1	1	10	0,046	0,1	2,185
28	palma don pedrito		2	2	20	0,097	0,2	2,064
29	palma meme		10	33	100	3,000	1	0,333
30	palma mil peso		2	2	20	0,097	0,2	2,064
31	palma pangana		5	7	50	0,301	0,5	1,661
32	palma taparo		4	4	40	0,222	0,4	1,803
33	palma zancona		5	6	50	0,301	0,5	1,661
34	palo blanco		1	1	10	0,046	0,1	2,185
35	pantano		4	5	40	0,222	0,4	1,803
	Total		**121**	**218**	**1210**	**10,057**	**12,100**	**64,232**

Tabla 9. Volumen maderable por especie

	Especie	N° individuo	Volumen m3
1	Algarrobo	12	1,321012012
2	algodoncillo	2	0,24553489
3	Anime	15	1,795501448
4	Aserrin	10	7,038819988
5	Caimito blanco	11	0,155906568
6	caimito colorado	2	0,002695493
7	carbonero	1	0,002391637
8	cargadero colorado	2	0,012080709
9	carra	1	0,02450448
10	casaco	1	3,67567E-05
11	cauchillo	6	0,132881669
12	Choiba	6	3,491355428
13	Churimo	7	1,423955333
14	coroba	1	0,000294054
15	Guasca hoji ancho	9	0,108677369
16	Guasco colorado	4	0,019995656
17	guasimo colorado	2	0,368302334
18	Hormigo	17	0,110512142
19	Jaboncillo	5	1,485260641
20	Jagua	1	0,003920717
21	jigua negro	3	0,002793511

22	lano blanco	2	0,023156734
23	lechero	12	0,83364241
24	lirio	17	2,537392958
25	palma amargo	5	0,22491437
26	palma barrigona	3	0,117082405
27	palma chacarra	1	0,002756754
28	palma don pedrito	2	0,170428658
29	palma meme	33	1,009553945
30	palma mil peso	2	0,775076702
31	palma pangana	7	0,118050332
32	palma taparo	4	0,005035671
33	palma zancona	6	0,278253271
34	palo blanco	1	0,069470201
35	pantano	5	0,170404154
	Total	218	24,0816514

Tabla 10. Volumen por familia

N°	Familia	#	Volumen
1	ANONACEAE	2	0,01237476
2	APOCYNACEAE	1	2,53739296
3	ARALIACEAE	1	0,0694702
4	ARECACEAE	9	2,70115211
5	BOMBACACEAE	2	0,04766121
6	BURCERACEAE	1	1,79550145
7	CAESALPINACEAE	1	1,32101201
8	CHRYSOBALANACEAE	1	0,00239164
9	EUPHORBIACEAE	2	0,41593904
10	FABACEAE	1	3,49135543
11	LAURACEAE	1	0,00279351
12	LECYTHIDACEAE	2	0,12867302
13	MELASTOMATACEAE	1	0,11051214
14	MIMOSACEAE	2	8,46277532
15	MORACEA	2	0,96652408
16	OCHNACEAE	1	3,6757E-05
17	RUBIACEAE	1	0,00392072
18	SAPINDACEAE	1	1,48526064
19	SAPOTACEAE	2	0,15860206
20	TILIACEAE	1	0,36830233
	TOTAL	35	24,0816514

Tabla 11. estratificación del bosque analizado

Estrato Arbóreo	Símbolo	Límite de altura (m)	
Estrato superior (dominante)	Es	> 20	15
Estrato medio (Codominante)	Em	15-20	39
Estrato inferior (Dominado)	Ei	< 15	164
TOTAL			**218**

Tabla 12. índice del valor de importancia por familia

N° Orden	FAMILIA	N° de Especies por familia	Área Basal por familia	IVIF
1	ANONACEAE	2	0,00424116	7,2696266
2	APOCYNACEAE	1	0,27428132	22,244025
3	ARALIACEAE	1	0,00636174	3,5846497
4	ARECACEAE	9	0,31755214	67,571614
5	BOMBACACEAE	2	0,01704318	1,4404906
6	BURCERACEAE	1	0,21453201	18,802113
7	CAESALPINACEAE	1	0,1441209	14,451012
8	CHRYSOBALANACEAE	1	0,00125664	3,368953
9	EUPHORBIACEAE	2	0,05325012	11,175177
10	FABACEAE	1	0,26809629	16,936828
11	LAURACEAE	1	0,00298452	1,4059792
12	LECYTHIDACEAE	2	0,04021248	13,376614
13	MELASTOMATACEAE	1	0,03206396	12,010049
14	MIMOSACEAE	2	0,65739944	41,288371
15	MORACEA	2	0,13770026	19,789169
16	OCHNACEAE	1	0,00007854	3,3191769
17	RUBIACEAE	1	0,00125664	10,708403
18	SAPINDACEAE	1	0,1249917	2,3749599
19	SAPOTACEAE	2	0,0403138	13,380895
20	TILIACEAE	1	0,0290598	5,0023857
	total	35	2,36679662	289,50049

Tabla 13. distribuciones diamétrica del bosque analizado

CATEGORIAS DIAMETRICA	N° ARBOLES	VOLUMEN m3
I (1-9,9)	155	1,35786295
II (10-19,9)	44	4,45772023
III (20-29,9)	11	4,80575736
IV (30-39,9)	5	5,70464294
V (40 - 49,9)	2	4,2975957
VI (50 - 59,9)	1	3,45807222
TOTAL	218	24,0816514

Tabla 14. categorías diamétrica por especies

CATEGORIAS DIAMETRICA	N° ESPECIES	N° ARBOLES	IVI
I (1-9,9)			
	Algarrobo	7	22,5789011
	algodoncillo	1	2,54039561
	Anime	9	26,5699378
	Aserrin	1	2,63008242
	Caimito blanco	10	27,8328344
	caimito colorado	2	3,85152381
	carbonero	1	3,01872528
	cargadero colorado	2	6,75494507
	casaco	1	2,42081319
	cauchillo	5	14,5854011
	Choiba	3	4,78397436
	Churimo	5	14,8672967
	coroba	1	2,54039561
	Guasca hoji ancho	8	22,8266228
	Guasco colorado	3	8,65756777
	guasimo colorado	1	5,60967767
	Hormigo	16	37,5251887
	Jaboncillo	2	5,17805158
	Jagua	1	3,01872528
	jigua negro	3	7,22899634
	lano blanco	2	7,99704764
	lechero	7	24,2131942
	lirio	9	23,882881
	palo blanco	1	5,60967767
	pantano	4	13,2771429
	total	**105**	**300**
II (10-19,9)			
	Algarrobo	3	29,8278782
	Anime	3	29,5442908

	Aserrin	4	37,7151522
	Caimito blanco	1	11,4669082
	carra	1	8,70193128
	cauchillo	1	9,48179658
	Choiba	2	18,5559363
	Guasca hoji ancho	1	8,70193128
	Guasco colorado	1	8,70193128
	guasimo colorado	1	12,0518072
	Hormigo	1	8,70193128
	Jaboncillo	2	21,3918101
	lechero	4	35,9256633
	lirio	5	49,7492352
	pantano	1	9,48179658
	Total	**31**	**300**
III (20-29,9)			
	Algarrobo	2	57,7914011
	algodoncillo	1	26,1894007
	Anime	3	82,7829314
	Aserrin	1	26,1894007
	Churimo	1	26,1894007
	lechero	1	26,1894007
	lirio	2	54,6680649
	Total	**11**	**300**
IV (30-39,9)			
	Aserrin	2	116,600069
	Churimo	1	59,9104375
	Jaboncillo	1	59,9104375
	lirio	1	63,5790561
	Total	**5**	**300**
V (40 - 49,9)			
	Aserrin	2	300
	Total	**2**	**300**
VI (50 - 59,9)			
	Choíba	1	300
	Total	**1**	**300**

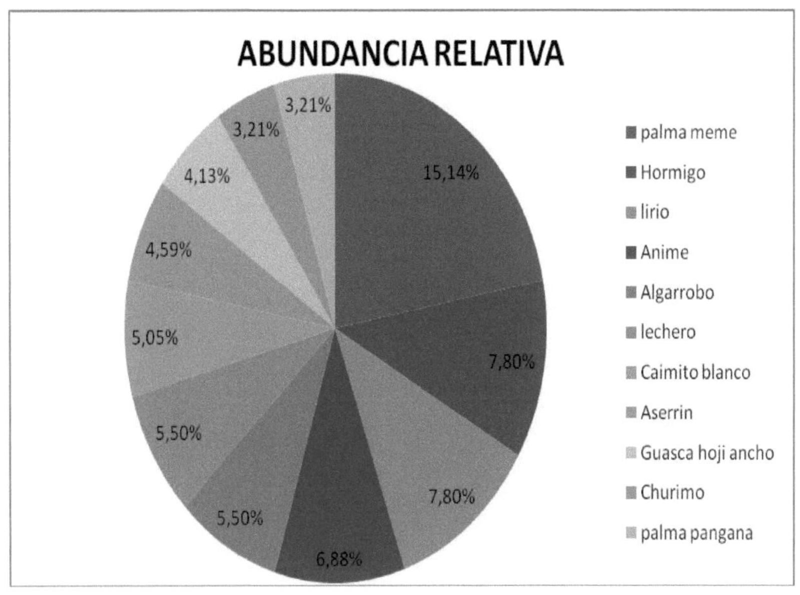
ABUNDANCIA RELATIVA
3,21%
3,21%
4,13%
4,59%
5,05%
5,50%
5,50%
6,88%
15,14%
7,80%
7,80%
palma meme
Hormigo
lirio
Anime
Algarrobo
lechero
Caimito blanco
Aserrin
Guasca hoji ancho
Churimo
palma pangana

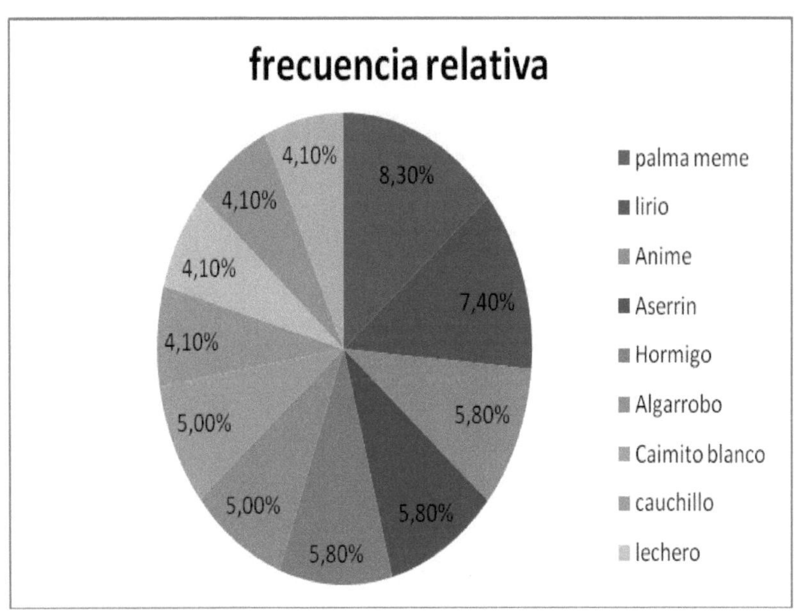
frecuencia relativa
4,10%
4,10%
4,10%
4,10%
5,00%
5,00%
5,80%
8,30%
7,40%
5,80%
5,80%
palma meme
lirio
Anime
Aserrin
Hormigo
Algarrobo
Caimito blanco
cauchillo
lechero

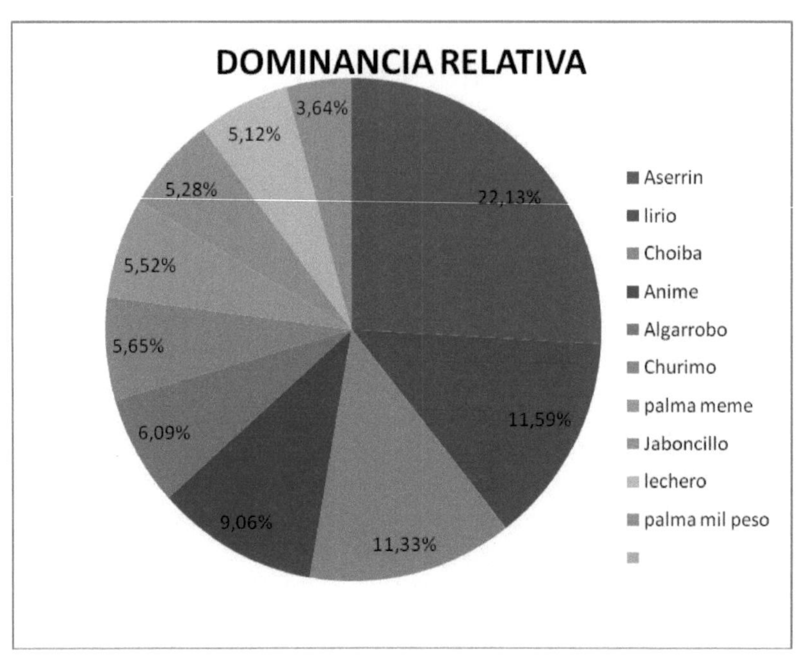

DOMINANCIA RELATIVA
22,13%
11,59%
11,33%
9,06%
6,09%
5,65%
5,52%
5,28%
5,12%
3,64%
Aserrin
lirio
Choiba
Anime
Algarrobo
Churimo
palma meme
Jaboncillo
lechero
palma mil peso

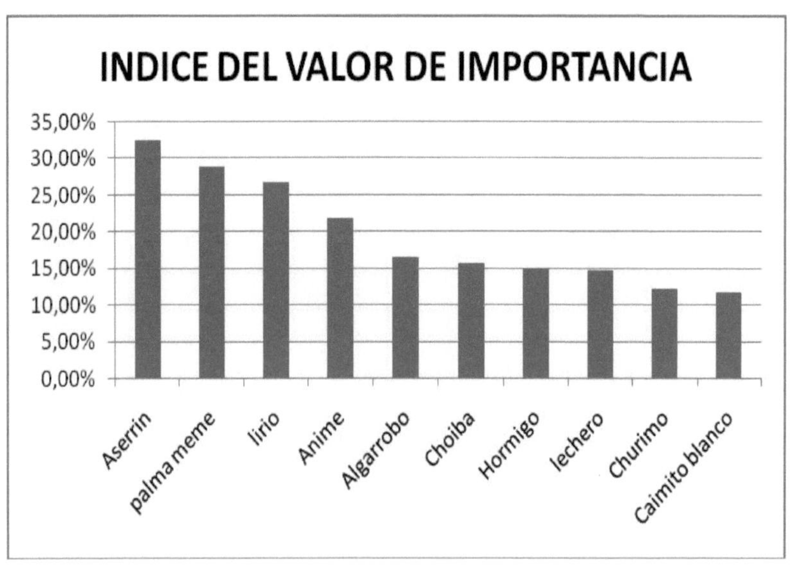

INDICE DEL VALOR DE IMPORTANCIA
35,00%
30,00%
25,00%
20,00%
15,00%
10,00%
5,00%
0,00%
Aserrin
palma meme
lirio
Anime
Algarrobo
Choiba
Hormigo
lechero
Churimo
Caimito blanco

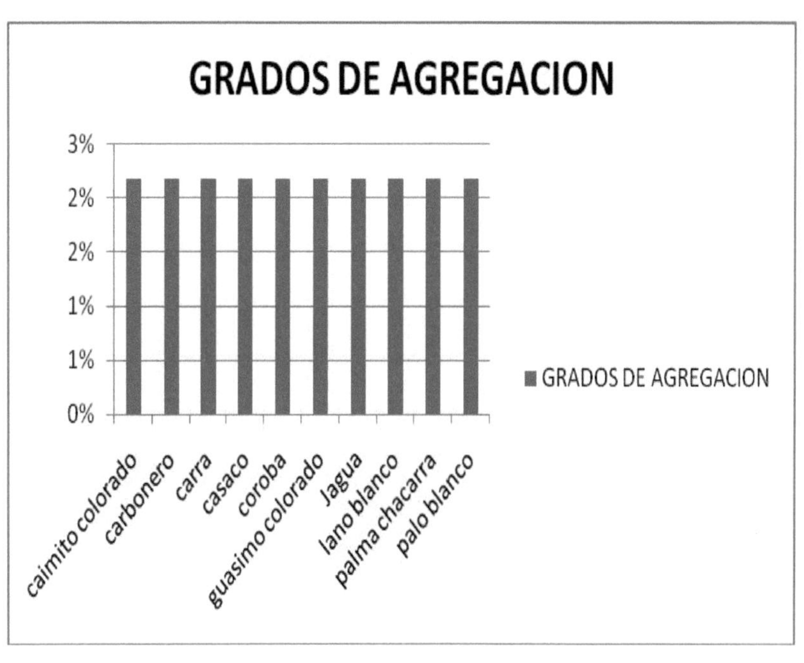

GRADOS DE AGREGACION
3%
2%
2%
1%
1%
0%
caimito colorado
carbonero
carra
casaco
coroba
guasimo colorado
Jagua
lano blanco
palma chacarra
palo blanco
GRADOS DE AGREGACION

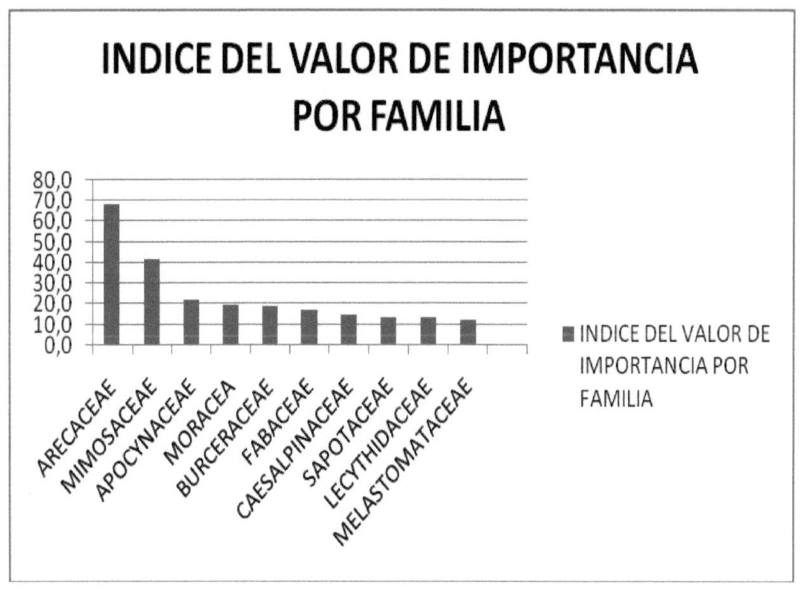

INDICE DEL VALOR DE IMPORTANCIA POR FAMILIA
80,0
70,0
60,0
50,0
40,0
30,0
20,0
10,0
0,0
ARECACEAE
MIMOSACEAE
APOCYNACEAE
MORACEA
BURCERACEAE
FABACEAE
CAESALPINACEAE
SAPOTACEAE
LECYTHIDACEAE
MELASTOMATACEAE
INDICE DEL VALOR DE IMPORTANCIA POR FAMILIA

ÍNDICE DE OGAWA

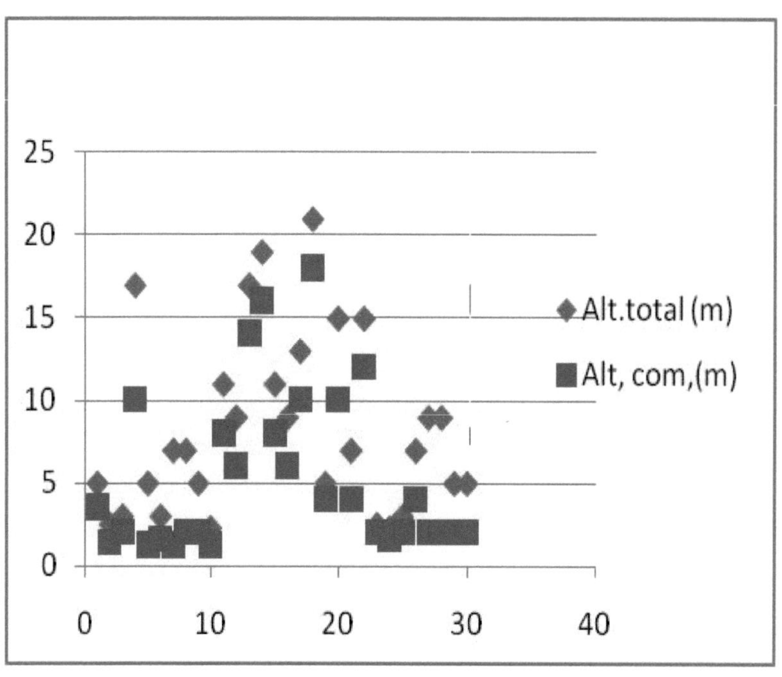

	Altura total (m)	Altura comercial (m)
palma pangana	5	3,5
Anime	2,5	1,4
Choiba	3	2
Algarrobo	17	10
Coroba	5	1,2
palma meme	3	1,6
caimito blanco	7	1,2
Hormigo	7	2
Aserrín	5	2
guasca colorado	2,3	1,2
caimito blanco	11	8
palma meme	9	6
palma meme	17	14
Anime	19	16
Anime	11	8
Anime	9	6
Anime	13	10
Choiba	21	18
caimito colorado	5	4
Lirio	15	10
Hormigo	7	4
Pantano	15	12
caimito colorado	2,5	2
Algarrobo	2,3	1,6
Choiba	3	2
Choiba	7	4
Choiba	9	2
Aserrín	9	2
Hormigo	5	2
Lirio	5	2

ÍNDICE

RESUMEN	1
1. INTRODUCCIÓN	2
2. OBJETIVOS	3
3. METODOLOGÍA	4
4. DISEÑO DE MUESTREO	9
5. CONCLUSION	17
6. BIBLIOGRAFÍA	19
ANEXOS	20

Printed by Books on Demand GmbH, Norderstedt / Germany